경이로운 생명

온 우주와
연결된 우리의
놀라운 이야기

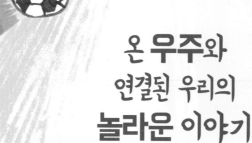

미샤 메이녀릭 블레즈 글그림 | 한소영 옮김

아라크네

옮긴이

한소영

이화여자대학교 대학원 생명과학과를 졸업한 후 서울대학교병원에서 근무했다. 현재 번역에이전시 엔터스코리아
에서 아동서 전문 번역가로 활동하고 있다.

주요 역서로는 『디즈니 무비 동화 주토피아』 『디즈니 픽사 굿 다이노 무비 동화』 『The Art of 도리를 찾아서』
『The Art of 어드벤처 타임』 『안나와 엘사의 신나는 하루』 『뭘 먹고 싶니?』 『딸꾹질 대장 하마』 『힙스터 컬러링북』
『환상의 도시 FANTASTIC CITYSCAPES』 『기상천외한 탐험가 걸리버 여행 coloring book』 등이 있으며, 이밖
에도 디즈니 『겨울왕국』 『소피아』 『비행기』 『카』 『토이스토리』 등 100여 편의 e-book을 번역했다.

경이로운 생명

미샤 메이너릭 블레즈 글·그림 | 한소영 옮김

초판 1쇄 인쇄 2017년 9월 15일 | 초판 1쇄 발행 2017년 9월 20일

펴낸이 김연홍 | 펴낸곳 아라크네 | 출판등록 1999년 10월 12일 제2-2945호
주소 서울시 마포구 성미산로 187 아라크네빌딩 5층(연남동)
전화 02-334-3887 | 팩스 02-334-2068

THIS PHENOMENAL LIFE: The Amazing Ways We Are Connected with Our Universe
by Misha Maynerick Blaise
Copyright © 2017 by Misha Maynerick Blaise
All rights reserved.
Korean translation copyright © 2017 by Arachne

Korean translation rights arranged with Jean V. Naggar Literary Agency, Inc.,
New York through The Danny Hong Agency, Seoul

이 책의 한국어판 저작권은 대니홍 에이전시를 통한 저작권사의 독점 계약으로 아라크네에 있습니다.
저작권법에 의해 한국 내에서 보호를 받는 저작물이므로 무단전재와 복제를 금합니다.

ISBN 979-11-5774-571-5 03400

들어가는 말

휘황찬란한 도시의 밤을 떠나 자연의 밤하늘에 쏟아지는 별빛의 장엄함에 빠져든 경험이 있나요? 황량한 쇼핑몰 대신 빽빽한 숲을 탐험하며 흥분과 기대감을 만끽한 적이 있나요? 자연의 품에 좀 더 가까이 다가가기만 해도, 우리는 더 넓은 세상을 경험하며 영혼의 싱그러움을 맛보게 됩니다. 그렇지만 인생의 대부분을 도시 가운데 살아가는 우리에게, 자연은 그저 나와 상관없는 먼 나라처럼 느껴지곤 하죠.

하지만 사실상 우리는 매일 매 순간, 어느 곳에서든 우주와 자연의 신비로운 섭리 가운데 깊이 연결되어 살아갑니다. 아침에 일어나 스마트폰을 들여다보며 뜨거운 커피 한 잔을 마시는 그 순간에도, 우리 몸의 모든 세포는 살아 움직이고 성장하며 죽고, 또다시 태어나는 순환의 과정을 지나고 있으니까요. 출근길, 꽉 막힌 도로 위의 차 안에 앉아 있거나 답답한 지하철 안에 서 있을 때라도, 우리는 지구의 생물권(biosphere)을 이루는 모든 존재와 연결된 이 심오한 이야기에서 자신이 맡은 부분을 역동적으로 수행하며 열심히 살아가는 중이라는 사실을 잊지 마세요. 자연은 (큰마음 먹고) 길을 나서거나 캠핑을 떠나 '저 머나먼 어느 곳'을 찾아가야만 발견할 수 있는 특별한 장소가 아니랍니다. 주위를 둘러싼 모든 것이 자연이며, 우리 안에 늘 존재하고 있으니까요. 이렇게 우리는 인간들이 어떻게 도시를 이루고 그 안에서 살아가는지를 살펴봄으로써, 자연과 우리네 삶의 관계를 직접 알 수 있답니다.

이 책을 통해 이루고자 하는 목표가 몇 가지 있었습니다. 우선, 우리가 항상 이 세상 그리고 인간이든 아니든 이곳에서 함께 살아가는 모든 생명체와 깊이 연결된 존재임을 잊지 않도록 일깨우고 싶었습니다. 또한, 우리는 같은 고향을 공유하는 하나의 가족이며, 지구는 의복이나 음식 그리고 자동차처럼 우리의 모든 물질적 소유물의 직접적인 원천이라는 사실을 기억하도록 돕고 싶었지요. 그리고 마지막으로, 우리 모두가 무한한 가능성과 신비를 품은 우주 자체라는 사실을 잊지 않고 기억하도록 이 책을 쓰고 그렸답니다.

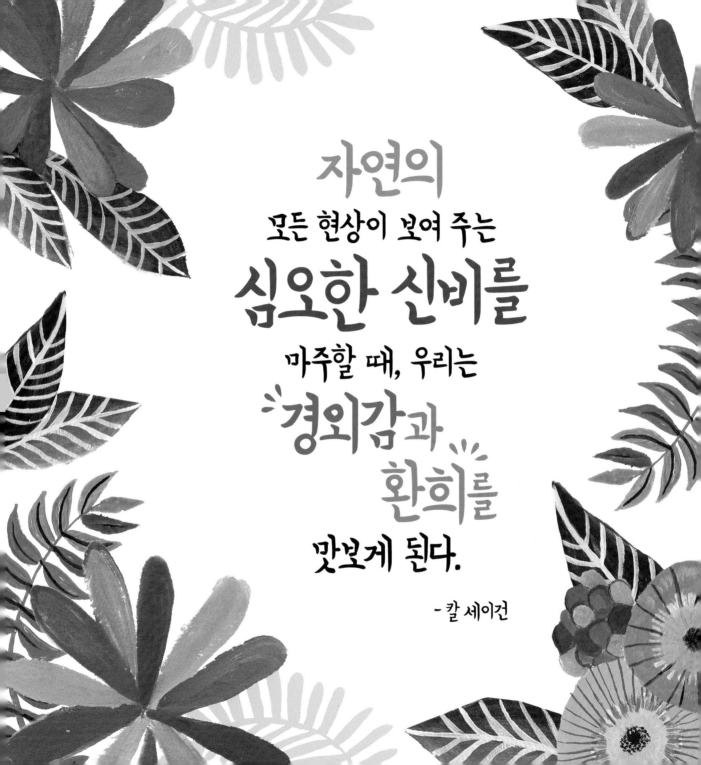

자연의
모든 현상이 보여 주는
심오한 신비를
마주할 때, 우리는
경외감과
환희를
맛보게 된다.

- 칼 세이건

'자연'은 물리적인 세상 속에서
인간이 만들어 내지 않은 모든 것을 가리키는
포괄적인 현상으로 볼 수 있어요.

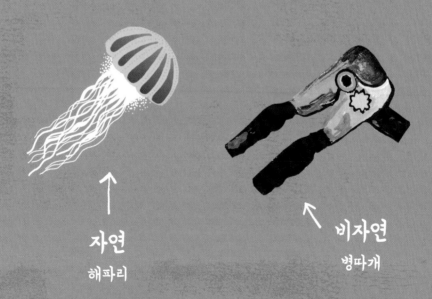

자연
해파리

비자연
병따개

가만히 생각하면, 자연의 (눈부신) 아름다움과
(생명력 넘치는) 힘을 느꼈던 순간을 기억할 수 있을 거예요.

예기치 않은 순간에
야생동물과 맞닥뜨린 순간도 있었을 테고…

숲에서
길을 잃은 적도
있었을 거예요.

우리 대부분은 도시에 살기에,
자연의 세계와 동떨어진 것처럼 느낄 수 있어요.

하지만 사실,
이 지구 위에 살고 있는 한
자연 속에서 살아간다고 할 수 있죠.
어느 곳에 살든지 말이에요.

빽빽한 도시 한가운데 있더라도, 여전히 자연을 발견할 수 있으니까요.

매 순간 깨닫지 못해도, 우리는 살아가면서 이 우주를 이루는
복잡한 순환의 고리, 신비로운 모든 생명의 성장 과정과 극적인 이야기를 경험합니다.
이 책은 우리를 둘러싼 우주와 우리가
어떻게 연결되어 살아가는지에 대한 깊은 사색이며…

경이로운 생명에 관한 이야기랍니다.

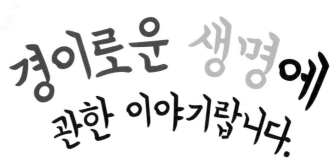

인체 질량의 96% 정도는
다음의 네 가지 원소로 이뤄집니다.

인체의 대부분을
이루는 물질은
우주의 대부분을
이루는 네 가지 원소와 똑같아요.

대기
질소 78%, 산소 21%, 기타 1%

바다
산소 85%, 수소 10%, 기타 5%

태양
수소 73%, 헬륨 25%, 기타 2%

지각
철 32%, 산소 30%, 실리콘 15%, 기타 23%

지구상의 생명을 이루는 모든 원소는
우주 공간에서 시작됩니다.
밤하늘의 아주 작은 별빛 하나를 바라볼 때,
우리는 저 멀리 또 다른 나의 존재를 마주하게 되는 것이죠.

우리는 문자 그대로 별에서 왔어요.
그러니 우리 몸속 원자들도 그 자체로
우주만큼이나 오래된 것들이랍니다.

우리는
잠깐
인간으로 살면서
온몸으로
우주를 드러내는
존재들이다.

- 에크하르트 톨레

빅뱅 이론에
따르면,

우주의 모든 물질은 원래

'특이점(Singularity)'이라는

무한히 작은 하나의 점으로
압축된 상태였다고 해요.

이 점은 엄청난 압력을 받으며
무한대의 밀도를 이루는 상태였다고 합니다.

그러다가 그 점이 급격히 팽창하고 확장되면서 우리가 현재 살아가는
우주 전체가 생성된 것이랍니다. 오늘날의 과학기술은 이 사건이
대략 138억 년 전에 일어났다고 추정하지요.

대폭발이 일어났을 때는 수소와 헬륨, 그리고 리튬과 같이 가벼운 몇몇 원소만이 생성되었을 뿐이지만, 1억 년 정도의 시간이 흐르며 우주가 조금씩 냉각되면서, 이들 원소들이 서로 결합하여 가스 구름을 이루고 마침내 별이 탄생했다고 해요.

별은 기본적으로 원자로와 같이 수소와 헬륨이 폭발을 거듭하는 덩어리로서, 그 원료는 핵반응을 통해 다른 물질로 변환되지요.

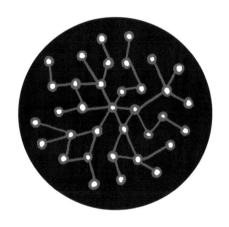

탄소, 질소, 수소뿐만 아니라
우리 몸을 이루는 다른 모든 원소도
별의 심장부에서 만들어졌다고 볼 수 있어요.

탄소와 같은 일부 원소는
지구의 생물권 전체를 이동하며 끊임없이 순환합니다.
따라서 45억 년 전에 지구가 처음 생겨났을 때와
현재 지구에 존재하는 탄소의 총량은 같다고 볼 수 있어요.
지금 몸속에 존재하는 탄소 원자가 우리 몸의 일부가 되기 전에는,
수백만 년 동안 또 다른 모습으로 자연계를 순환해 왔을 거예요.

내 몸속 탄소 원자 중 하나는,
때로는 이런 모습으로 자연계의 일부였을 거예요.

조개껍데기

다이아몬드

폭발하는 화산

사나운 공룡

무서운 공룡의 일부였던 바로 그 탄소 원자가
지금 우리 몸속에 존재할 수 있는 것처럼,
우리도 날마다 만나고 마주치는 사람이나
다른 존재의 일부였을지도 모를 일이에요.

고대로부터 전해 오는 원소의 역사,
별에서 태어난 원소의 이야기는

"좋은 아침!"

모든 존재를 하나로 이어 줍니다.

우리가 사는 이 은하계에만 1,000억 개의 별이 있어요.
천문학자들은 관찰할 수 있는 우주의 영역을 다 포함하면 최소한 1,000억 개의
은하가 존재할 것으로 추정합니다. 우리는 대체 얼마나 많은 미지의 존재들과
이런 '원소의 유산'을 공유하는 것일까요?

이 우주에 존재하는 수십억 개의 별 중에서
가장 친근하게 느껴지는 것은 아마도…

태양일 거예요.

인티
잉카족이 믿던
태양의 신

태양은 태양계에서 가장 큰 별이며 지구상
의 거의 모든 생명체의 직접적인 에너지 공
급원이기도 합니다.

헬리오스
그리스의 티탄 신족 중
태양의 신

태양은 지구를 100만 개 정도 모은 것만큼
엄청나게 거대한 가스 덩어리랍니다.

인류는 살아가는 데
필요한 대부분의
에너지를
'**태양을 먹는**'
방법을 통해
얻는답니다.

 사람들은 식물을 먹거나, 식물을 먹는 동물을 먹거나, 식물을 먹는 다른 동물을 잡아먹는
동물을 먹음으로써 태양에너지를 섭취합니다. 식물은 기본적으로 태양에너지의 '전달자'와
같아요. 태양의 에너지를 충분히 받아들인 식물은 이산화탄소와 물을 결합하여
포도당(당류)을 합성하지요. 이것은 태양 광선을 쪼이면 에너지를 운반하는 화학물질로
변환됨으로써, 우리가 그걸 섭취할 때까지 분자 결합의 형태로 저장되는 셈입니다.

지금 이 순간,
우리 몸속을 채우는
모든 에너지는
태양을 직접적인
에너지원으로 삼는
식물에게서
얻은 것이지요.

그리고 우리는
태양으로부터
직접 얻는 약간의 에너지를

비타민 D

형태로 이용한답니다.

우리 몸의 거의 모든 조직을
움직이는 최소 1,000여 개의
유전자는 태양 광선이
비타민 D 형태로 바뀌어
체내에 흡수되는 것과 같은
방식으로 조절되고 있습니다.

지구 위의 모든 집집이 태양 전지판을 설치하지 않았어도,
오늘날 대부분의 도시들은 '**화석연료**'의 형태로 저장된
태양에너지를 이용하며 살아갑니다.

석탄, 석유, 그리고 천연가스는 죽어 땅속에 묻힌 동물의 사체나 식물이 수억 년 동안 지각의 압력과
지열을 받아 생성된 화석연료입니다. 태양에너지를 소비한 식물과 그런 식물을 섭취한 동물이 한꺼번에
짓눌려 완전히 변성되어, 오늘날 우리가 이용하는 에너지원으로 바뀐 것이지요.

태양은 우리 삶의 모든 측면에 에너지를 공급하는 동시에, 우리가 살아가는 이 행성을

'태양권(heliosphere)'

으로 둘러싸 보호하기도 합니다.

태양에서 방출된 하전된 입자와 자기장의 흐름인 태양풍이 태양계 전체를 둘러싸며 명왕성 너머까지 확장된 거대한 방울 같은 것을 형성하지요(하지만 태양권의 형태는 방울보다는 코르크 마개와 좀 더 비슷합니다).

태양권은 우리가 살고 있는 태양계 밖에서 쏟아져 들어오는 우주 광선과 먼지를 막아 지구를 보호합니다(우주 광선의 입자는 오존층을 파괴하고 우리의 DNA도 손상시킬 수 있거든요. 성간 먼지는 태양광을 가려, 지구에 또다시 빙하기가 도래하도록 할 수도 있고요).

태양권의 가장 바깥쪽 경계인

🡤 헬리오포즈(heliopause)

는 태양으로부터 약 180억㎞나 떨어져 있답니다.

태양계는 우리가 속한 '우리 은하'의 아주 작은 일부에 불과해요.
'우리 은하'의 지름은 10만 광년에 이를 정도이기 때문이죠.
'은하수'라고 부르기도 하는 우리 은하는

처녀자리
초은하단

Virgo
Supercluster

이라고도 하는 더욱 거대한
은하계에 속해 있는데, 초은하단의
지름은 대략 1억 1,000만 광년이나 되고
100여 개의 은하계를 포함하고 있어요.

우리가 살아가는 태양계에서, 지구를 제외한 다른 행성과 달에 물이 존재할 가능성은 거의 없다고 알려져 있어요. 액체 상태의 물은 생명을 지속하기 위해 꼭 필요한 요소인데, 위풍당당한 행성 지구에는 물이 가득하답니다.

지표면의 71% 정도가 물로 뒤덮여 있거든요.

무한한 우주에 대해
우리가 아직 모르는 게 많은 것처럼,
**바닷속 세상도
신비로움**으로 가득합니다.

우리가 사는 지구별의 가장 깊은 바닷속을 탐험한
사람보다 달 위를 걸어 본 사람이 더 많다는 사실을
알고 있나요?

지구 전체의 해저 지도는 우주에 떠 있는 인공위성
이 제작한 것이지만, 전체 해저의 5%도 안 되는 부
분에 관한 사실만 밝혀졌을 뿐입니다.

한편, 지구 위에 생물체가 살아가는 공간의 90% 이상은 물속에 존재합니다.
얼음처럼 차갑고 컴컴하며 엄청난 압력이 가해지는 깊은 바닷속은
다양한 생물체의 안식처이지만, 땅 위에서 살아가는 우리에겐 놀라움 그 자체입니다.

어도라빌리스
Adorabilis

거대 등각벌레
Giant Isopod

바이퍼피시
Viperfish

덤보 문어
Dumbo Octopod

끔찍한 집게발 바닷가재
Terrible-claw Lobster

아귀
Anglerfish

블로브피시
Blobfish

인간은 물과 떼려야 뗄 수 없는 삶을 살아갑니다.

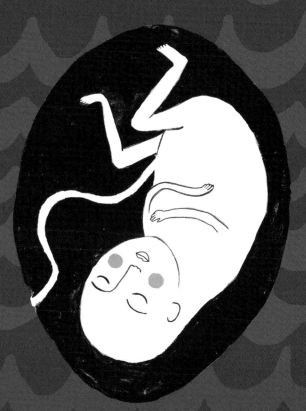

우리의 생명은 물에서 시작됩니다.
엄마의 자궁 속, 깊은 바다와 같은 그곳에서
인생의 첫 아홉 달을 보내니까요.

우리는 언제나 물과
하나인 존재입니다.

인간의 몸은 대략
65%가 물로 이루어지거든요.

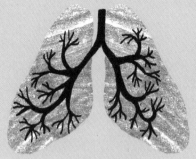

우리 몸속의 **폐**는
거의 **90%**가
수분이고요.

뇌조직의 **80%**도
물로 이뤄집니다.

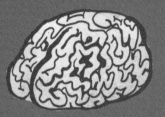

신생아의 몸도
대부분 수분이고,
(**78%** 정도 되지요.)

겉보기에 **단단한 뼈**도
31%나 되는 수분이
흐르는 조직이랍니다.

우리가 섭취하고 소비하는 모든 것에는
각기 다른 물발자국
(water footprint)이 존재합니다.

물발자국이란 어떤 작물이나 동물을 키우거나 재화를 생산하는 과정에서
소비된 물의 총량을 뜻합니다. 다음과 같이 물발자국을 계산할 수 있답니다.

소고기

음메에에에에에~

소고기 1kg을 생산하기 위해서는
대략 1만 5,415ℓ의 물이 필요합니다.

커피

한 잔의 커피를 내리기까지 과정에는
대략 132ℓ의 물이 필요하고요.

차

차 한 잔을 만드는 데에는
27ℓ의 물이 필요합니다.

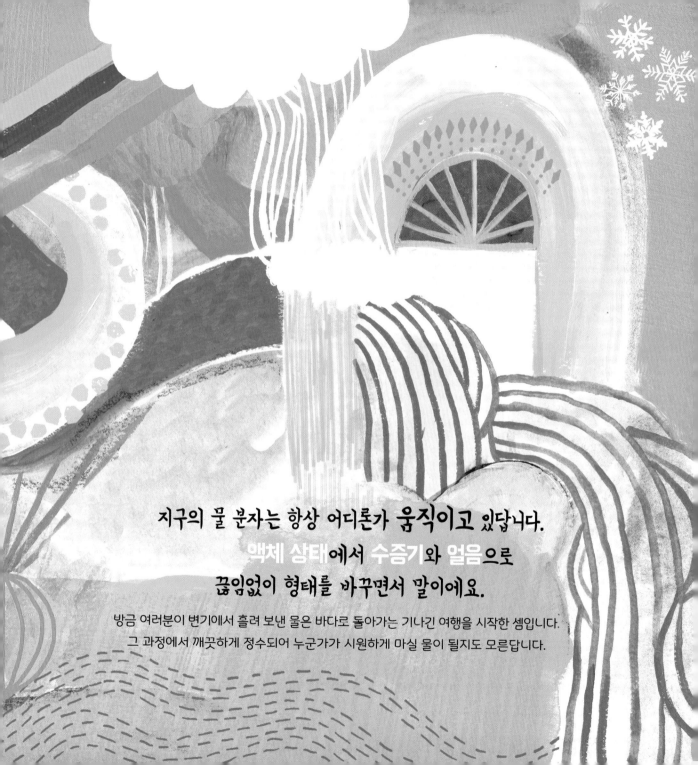

지구의 물 분자는 항상 어디론가 움직이고 있답니다.
액체 상태에서 수증기와 얼음으로
끊임없이 형태를 바꾸면서 말이에요.

방금 여러분이 변기에서 흘려 보낸 물은 바다로 돌아가는 기나긴 여행을 시작한 셈입니다.
그 과정에서 깨끗하게 정수되어 누군가가 시원하게 마실 물이 될지도 모른답니다.

물 분자는 우리가 먹는 음식을 통해 우리 몸속을 끊임없이 순환합니다.

몇몇 식품의 수분 함량을 알아볼까요?

브로콜리 91%

토마토 94%

수박 92%

소고기 70%

바나나 74%

딸기 92%

닭고기 65%

우리 몸을 구성하는 세포 대부분을
물이 채우고 있다는 사실과 별개로,
맨눈으로는 볼 수 없는
또 다른 존재가 우리 몸을 가득 채우고 있답니다.

인체는 글자 그대로,
미생물에 '뒤덮여' 있거든요.

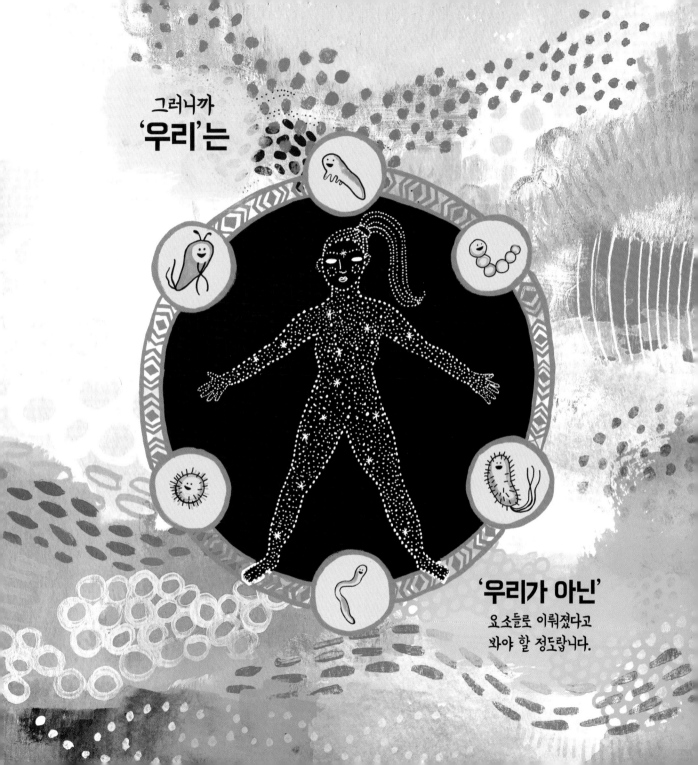

그러니까
'우리'는

'우리가 아닌'
요소들로 이뤄졌다고
봐야 할 정도랍니다.

우리 몸속에는
체세포 수와 비슷한 수의
박테리아가
살고 있어요.

우리 몸을 이루는 각각의 유전자에는
360개의 미생물 유전자가 포함되어 있습니다.
지금 이 순간에도 우리 몸속에는 박테리아, 바이러스, 곰팡이 등을
포함하여 1만 가지가 넘는 종류의 미생물이 살고 있지요.

지금 이 순간, 우리 얼굴은
'모낭진드기'가
번식하는 서식처랍니다.

무슨 수를 쓰더라도
완전 박멸은 불가능하죠.

우리는 모두 자신만의 독특한 미생물
혼합체에 둘러싸여 살아갑니다.
박테리아, 효모, 여러 세포들이 모인 이 '미생물 구름'은
우리 주위를 둘러싸는 공기 중에 떠다니고 있어요.

미생물은 우리가 움직이거나 숨을 쉴 때마다 우리 피부에서
떨어져 나와 공기 중으로 흩어집니다. 다른 사람 곁에 가까이 다가갈 때면 언제든
서로의 미생물을 교환할 수 있는 셈이지요.
각자의 '미생물 구름'이 서로 다르므로, 사람을 식별하는
수단으로 활용될 수도 있어요.

우리와 접촉하는 모든 물건에는 우리 각자의 DNA 일부가
흔적처럼 남겨진다고 볼 수 있어요. 피부의 가장 바깥층에서 떨어져 나간
겨우 몇 개의 세포에도 우리 각자의 유전물질이 들어 있으니까요.

우리는 온종일
　　다른 사람들이 앞서 남긴
　　희미한 흔적과
　　마주치며 살아갑니다.

　　누군가의 흔적이
　　남은 그곳을 또다시
　　만지면서 말이죠.

미생물은 오래전부터
이어져 온 **생태계의 유산**과
오늘을 살아가는 우리를 하나로
연결해 주는 존재입니다.

현미경으로나 관찰할 수 있는 박테리아와 단세포
생물인 고세균류는 지구상에 가장 먼저 출현한
생명체라고 알려졌거든요.

인간의 역사를 그 꼭대기까지 거슬러 올라가다 보면,
인간의 '증조할머니'쯤 되는 미생물이 존재할지도 모를 일입니다.

호주 대륙의 서쪽에서 발견된 미생물 군집은 지구상에서 발견된 생명체 중에서 가장 오래된 것 중의 하나로 밝혀졌는데, 대략 35억 년 전에 살았던 것으로 추정됩니다. 이 미생물 군집은 각각의 세포가 저마다 개별적인 생명력을 유지하면서도 다른 세포들과 협력하여 하나의 독립체를 이루고 있어요. 마치 인간들이 이룬 자그마한 공동체와 같은 기능을 하는 것처럼 보이죠.

우리 몸속 내장 기관에 서식하는 미생물 군집을

미소생물상(microbiota) 또는 장내 세균총이라고 합니다.

그곳에는 최소한 1,000종 이상의 알려진 박테리아를 포함하여 수십 조 마리 이상의 미생물이 살아가고 있어요. 사람들의 미소생물상은 저마다 다릅니다. 특별히 사람들의 장내 세균의 3분의 2 정도는 살아가는 환경과 먹는 음식에 따라 완전히 다른 양상을 나타낼 정도이지요.

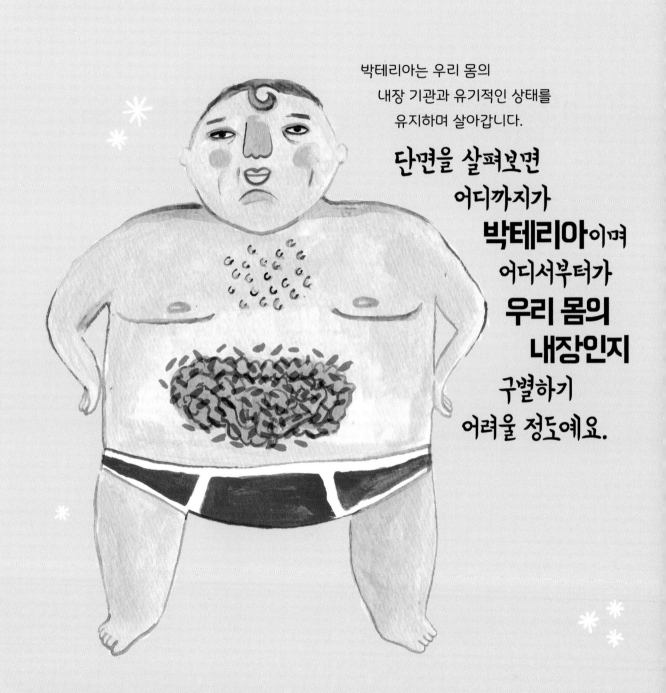

박테리아는 우리 몸의
내장 기관과 유기적인 상태를
유지하며 살아갑니다.

단면을 살펴보면
어디까지가
박테리아이며
어디서부터가
우리 몸의
내장인지
구별하기
어려울 정도예요.

아무리 깨끗한 집에서 살더라도 우리는 눈에 보이지 않는

엄청난 수의 미생물에 둘러싸여 살아갑니다.

우리 각자의 집에는 대략 6만 3,000종의 곰팡이와

11만 6,000종의 박테리아가 자기들의 집인 것처럼 살고 있어요.

화장실 변기 뚜껑에
달라붙어 있는 것과 비슷한
수의 미생물이
우리가 베고 누운 베개에도
바글거린답니다.

오늘 밤
잠자리에 누울 때,
약 100만 마리의
곰팡이
포자가
당신 품에 포근히
안길 거예요.

집 밖으로 한 발자국만 나가 보세요.
정원의 흙 속에서는

이 지구상에
존재하는 생명체

3분의 1을 주연으로 하는 생명과
죽음에 관한 드라마가 펼쳐집니다.

토양의
먹이사슬

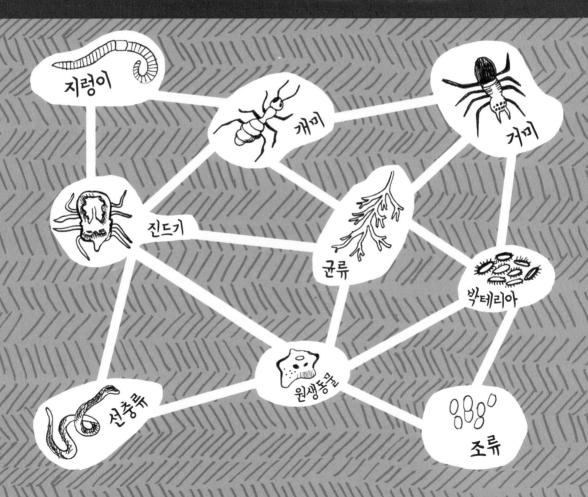

이 복잡한
생태계에서 생물들은
대단히 밀집된 상태로
살아갑니다.
한 움큼의 흙 속에는,
북미 대륙 전체에
흩어져 살아가는 식물과
척추동물의 수보다 훨씬 더 많은
균류와 원생동물,
그리고 **박테리아**가
살고 있어요.

북아메리카
대륙

이렇듯 서로 다른 현실 속에서,
모든 개체는 지구상의 생명을 유지하는
모든 영양소를 부지런히 순환시킵니다.

(질소, 탄소, 그리고 산소와 같은)

흙 속에 살아가는 이 모든 것들은 거대한 유기물을 간단한 분자 단위로 조각내고 분해하는 일을 담당하는 동지인 셈입니다.

이런 생태학적 과정을 담당하는 자연계의 구성원들이 있기에, 자연계에서 여러 동식물의 사체가 끊임없이 생겨나도 우리가 살아가는 공동체가 깨끗하고 아름답게 유지될 수 있는 것이죠.

부드러운 흙을 손으로 만지면
우리는 땅속에 존재하는 자연계의 동반자들과
교감을 나누는 동시에

기분이
좋아지곤 합니다.

마이코박테리움 박카이(mycobacterium vaccae)
라는 이름의 특별한 토양 미생물은 뇌에서 세로토닌을 분비하는 뉴런을 활성화
하는 것으로 알려져 있는데, 이것은 여러 우울증 치료제가 작용하는 것과 같은
원리예요.

토양을 비옥하게 만들어 주는 균류가 이상한 생물종처럼 느껴질 수도 있지만,

유전적인 관점에서 보면
곰팡이는 사실상 식물보다는
인간과 더 비슷하다고 볼 수 있어요.

균류와 동물은 공통된 진화적 역사를 공유한답니다.
이들 두 계통수의 가지가 대략 11억 년 전 무렵에 식물로부터 갈라져
나왔다고 추정되거든요. 균류의 DNA는 인간과 절반 이상이 같고,
우리처럼 산소를 들이마시고 이산화탄소를 내뱉습니다.

우리가 숲에서 내딛은 발자국마다,
그 아래쪽에는 사방을 향해 뻗어 나간
버섯 '뿌리'를 기초로 하는 균사체의

'촘촘한 그물 정보망'

이 펼쳐져 있어요.

균사체는 토양 아래쪽에서
연결 시스템을 형성하지요.

16.4cm³의 흙 속에는
약 13km까지 뻗어 나갈 수 있을
만큼의 균사체가 들어 있어요.

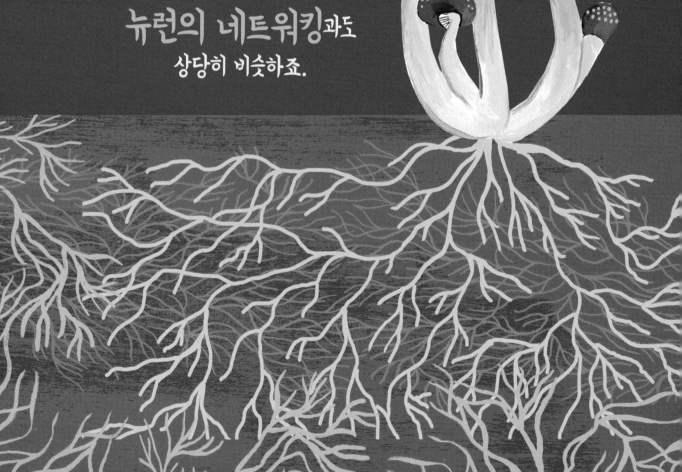

균사체 그물망의
성장 패턴은 인터넷의 시각적
모델과 놀라울 정도로 유사합니다.
인간의 몸속에서
정보 전달 기능을 담당하는
뉴런의 네트워킹과도
상당히 비슷하죠.

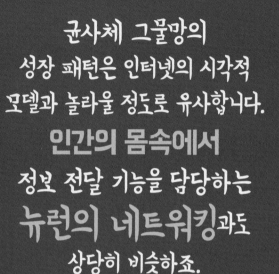

균사체(Mycelium)는
'자연계의 인터넷' 으로 불린답니다.

땅속에 분포한 균사체의 어마어마한 네트워크는
서로 다른 종의 식물과 나무들을 서로 연결하는 기능을 합니다.
이들은 식물 간에 영양분의 교환을 돕기도 하지만,
'사이버 공격'을 조장하기도 하지요.

예를 들면, 어떤 종류의 나무는 다른
식물의 성장을 막기 위해 독소를 내뿜는데,
바로 균사체가 이 독소를 운반하는 역할을
담당하는 겁니다.

균사체와 우리가
사실상 먼 친척이듯이,
각자 집에서
키우는 식물과
우리는, 우리가 알고
있는 것보다 훨씬 더
가까운 관계랍니다.

인간과 식물의 삶은 놀라울 정도로 연결되어 있습니다. 식물의 엽록소 분자의
구조는 인체의 혈액에 존재하는 헤모글로빈 분자와 거의 똑같아요. 적혈구 세포 속의
헤모글로빈이 붉은색을 띠기 때문에 사람의 피가 붉은 것이랍니다.

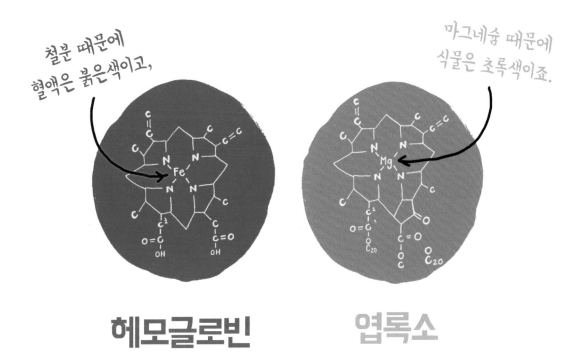

철분 때문에
혈액은 붉은색이고,

마그네슘 때문에
식물은 초록색이죠.

헤모글로빈　　　**엽록소**

두 분자의 유일한 차이는, 중앙에 있는 원소뿐이랍니다.
식물에는 마그네슘이 있고, 인체에는 철분이 자리 잡고 있죠.

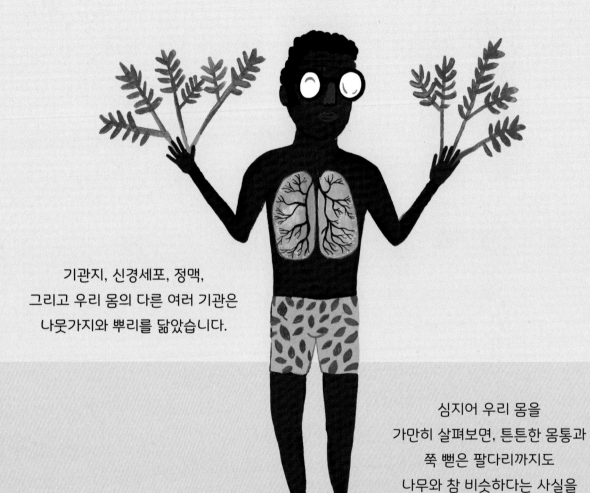

기관지, 신경세포, 정맥,
그리고 우리 몸의 다른 여러 기관은
나뭇가지와 뿌리를 닮았습니다.

심지어 우리 몸을
가만히 살펴보면, 튼튼한 몸통과
쭉 뻗은 팔다리까지도
나무와 참 비슷하다는 사실을
알 수 있지요.

인체의 DNA와
바나나 나무의 유전자는
60% 정도가 같고,

식물은 자신을 둘러싼
세상에 대해 감지합니다.

그리고 익숙한 방법으로
세상을 느끼고
사람에게 반응하지요.

식물도 보고 듣고, 감각을 느끼며 맛을 보고, 중력이나 물의 존재를 감지하며
장애물을 피하려고 방향을 전환할 수 있어요. 식물은 촉각도 감지할 수 있는데,
특히 그중에서도 가시박(burr cucumber)과 같은 식물은 인체보다
열 배나 더 민감한 감각을 자랑하기도 합니다.

사람처럼, 식물에게도 빛을 감지하는 세포인
광수용체(photoreceptor)가 있어요.

식물의 시각은 사람보다 훨씬 더
복잡한 감각 과정을 거친다는 것을
알 수 있지요.

식물은 적색광, 청색광, 초적색광과 자외선을
구별할 수 있으며, 훨씬 더 다양한 전자기파를
감지할 수 있습니다. 신경계가 없기 때문에 시각적
이미지로 볼 수는 없지만, 시각적으로 감지하는
정보를 생장의 단서로 전환할 수 있어요.

하루 동안 낮과 밤이 얼마나 밝고 어두웠으며
어느 정도로 길었는지 감지할 수 있는 능력 덕분에

식물은 시간의 흐름도
느낄 수 있답니다.

식물이 만들어 내는 전기적 신호의 시스템은 사람 몸속의 뉴런에서 만들어 내는 전기적 신호와
유사합니다. 식물이 만들어 내는 신경전달물질인 도파민과 세로토닌, 그리고 다른 화학적 반응을
일으키는 물질은 사람의 뇌에서도 발견되는 것들이랍니다.

식물은 광합성을 통해
이산화탄소와 다른 여러
오염 물질을 흡수하기 때문에
공기를 '정화'하는 작용을 해요.

미국항공우주국(NASA)은 실내에서 키우는 식물이
실내 공기 중에 포함된 벤젠, 트라이클로로에틸렌 및
포름알데히드 등의 유기화합물질을 제거하는 데에
탁월한 효과가 있다고 발표한 바 있답니다.

식물은 대기 중의 이산화탄소를
흡수하고 산소를 내보냅니다.
사람은 반대로 산소를 들이마시고
이산화탄소를 내뱉지요.

그러므로 식물과
인간의 호흡 과정은
완전히 '상호 보완적 관계'를
이룬다고 볼 수 있어요.

최근에 발표된 연구들을 살펴보면,
지구상에는 대략 3조 1,000억 그루 정도의 나무가
자라고 있다고 합니다. 이것은 **은하수**를 이루는 **별**보다도
더 많은 수랍니다.

지표면 위에서 자라는 식물이나 나무의 잎사귀 표면을 현미경으로 들여다보면
'기공'이라고 불리는 호흡의 통로로 뒤덮여 있는 걸 발견할 수 있어요.
기공(氣孔, stomata)**은 그리스어로 '입'**을 의미하는데,
이름처럼 이들 구멍은 이산화탄소를 들이마시고 산소를 내뱉는 통로가 됩니다. 6.45㎠
정도의 잎사귀 표면에 이런 구멍이 수십만 개나 존재하지요. 이런 방법을 통해 식물과
나무들은 행성 호흡에서 거대한 시스템의 일부로 작용할 수 있어요.
지구의 '녹색 폐'처럼 말이에요.

대기 가운데 포함된 산소의 28%
정도는 **열대우림**에서 방출됩니다.
반면, 70%에 이르는 산소
대부분은 식물과 플랑크톤, 다시마 및
조류 플랑크톤 등을 포함한
해양 식물이 내뿜는 것이지요.

식물의 화사한 빛깔과 강력한 향기는 사람들에게
기쁨을 선사하는 동시에 협력자들을 끌어당기는 작용을 합니다.

꽃가루 매개충
pollinating insects

두 개의 서로 다른 생물 종(種)은 이와 같은 의존적인 협력 관계를
맺음으로써 유익한 영향을 주고받아요.

과학자들은 이제껏 거의 92만 5,000종류의 곤충을 분류했지만, 아직도 3,000만 종류 이상이 분류되지 못한 채 남아 있다고 간주합니다.

곤충은 어디든 존재합니다.

어디서든 살아남고,
번식하며, 퍼져 나가니까요.

사람과 마찬가지로,

곤충에게도 뇌가 있고
신경계와 시각, 그리고 청각이
발달해 있습니다.

놀랍게도, 어떤 곤충은 지능적으로 행동하며
사람보다 뛰어난 문제 해결 능력을 보여 주기도 합니다. 고작 핀의
머리 부분 정도밖에 안 되는 크기의 뇌를 갖고 있을 뿐인데도 말이죠.

일례로 **흰개미**는
자신의 **몸, 흙,** 그리고 **타액**만으로
지구상에서 가장 효율적인 공기
순환 시스템을 갖춘 집을 만들 수 있지요.

흰개미집 중에는 높이가
7.6m에 이르는
것도 있어요!

흰개미집은 사람의 폐와 같은
기능을 하는데, 날마다 열에 데워지고
냉각하는 과정을 반복하면서
공기가 유입되고 배출된답니다.

꿀벌은 날아가야 할 꽃들 사이에
가장 짧고 효율적인 경로를 찾아내는
능력을 갖고 있어요. 반면 인간은 이런
수학적인 문제를 해결할 때 컴퓨터의
알고리즘에 의존하곤 하지요.

벌집에 돌아오면, 꿀벌은

'8자 춤(waggle dance)'

을 추면서, 동료들에게 꽃으로 날아가는 가장 좋은 경로를 설명합니다.
복부를 흔들고 날개를 파닥이며 숫자 '8'을 그리듯 걸음으로써, 꿀벌은
점찍어 둔 꽃봉오리가 있는 곳의 정확한 방향과 거리를 동료들에게 널
리 알릴 수 있는데, 그 거리는 자그마치 13㎞에 이르기도 합니다.

벌도 사람처럼 각기 다른 성격의
특징을 갖고 있으며, 그 성격에 따라
각기 다른 '역할'을 선택합니다.

먹이를 찾아 정찰병으로 나서는 벌들과 벌집에
남아 기다리는 일벌의 뇌를 각각 분석한 결과,
약 1,000개 이상의 유전자가 서로 다른
것으로 나타났다고 해요.

이처럼 모험을 즐기는 벌들은 글루타메이트
활성 정도가 훨씬 높은데, 다른 이들보다 위험을
감수하는 성향이 더 강한 사람들에게서도
이런 특징이 나타난다고 합니다.

인간이 삶을 지속할 수 있는 것은 꿀벌 덕분이라는
사실을 알고 있나요? 전 세계에서 살아가는 동물과
사람의 90%의 식량이 되는 100여 종의 작물 가운데,
70여 종의 수분을 매개하는 곤충이 바로
꿀벌이거든요. 이런 작물 중에는 소의 사료로
이용되는 것도 있는데, 그 소는 또다시
인간의 식량이 되기도 합니다.

믿기 힘든 사실이지만, **사람만**
다른 동식물을 키울 줄
아는 게 아니랍니다.

가위개미와 흰개미도 균류를 키우거든요.

어떤 개미들은 **사육**(husbandry)하는 방법까지 알고 있답니다.

이 개미들은 진딧물을 키우고 보호하면서, 그들의 (꽁무니에서 나오는) 달콤한 분비물을 받아먹어요(마치 사람이 젖소를 키우며 우유를 받아 마시는 것처럼 말이에요). 심지어 다 자란 진딧물이 날아 도망가지 못하도록 날개를 꺾어 버리는 경우도 있다고 합니다. 곤충과 인간 모두 이런 경작과 사육의 기술을 이용할 줄 안다는 점을 고려한다면, 곤충은 이 지구상의 그 어떤 종(種)보다도 사람과 닮은 것 같습니다.

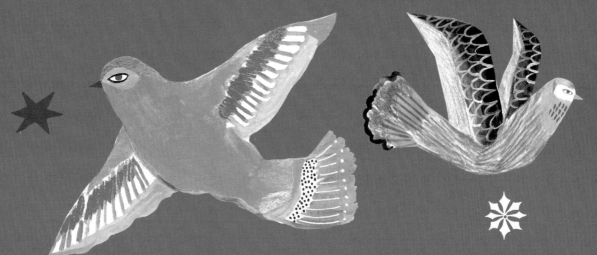

이런 곤충의 뒤를 바짝 쫓아 날아가는 건,
꿀꺽 삼킬 만한 간식거리를 찾아 나선 새들이죠.
차들이 빼곡히 들어선 도시의 주차장에서 새 한 마리를 발견한다면,
도시에서도 자연을 떠올릴 기회를 만난 셈입니다.

사람의 팔뚝과 새의 날개를
이루는 뼈는 다음과 같이 같은 구조로
이뤄져 있어요.

새

사람

손목뼈
carpals

위팔뼈
humerus

자뼈
ulna

노뼈
radius

손바닥뼈
metacarpals

손가락뼈
phalanges

닭의 유전자와 사람의
DNA는 **65%** 정도의
유사성을 나타낸답니다.

음성 학습과 관련하여
인간의 발성 학습을
가능하게 하는 수십 개의
유전자가 몇몇 우는 새들
에게서도 활성화되어
있다고 합니다.

새들은 울음소리를 내는
방법을 배울 수 있는 특별한
두뇌 회로가 발달해 있는데,
이 회로는 인간의 발성에
관여하는 신호 전달 회로와
비슷하다고 알려져 있습니다.

새들의 울음소리에는 음악이 나타내는 수학적 특성이 드러나곤 합니다.

북미 지역에 서식하는 갈색 지빠귀와 몇몇 종류 새들의 노랫소리에서, 우리는 사람들이 아름답다고 느끼는 화성의 간단한 수학적 비율을 발견할 수 있답니다. 이 새들의 울음소리를 잘 들어 보면, 음악의 기본적 특성인 화성의 법칙에 잘 들어맞는 것을 알 수 있어요.

지빠귀가 노래하는 장음계나 단음계는 서양 음악과 많이 비슷하지만,
때때로 동양 음악에서 보편적으로 찾아볼 수 있는 5음 음계로 노래할 때도 있어요.

서신을 주고받기 오래전부터, 사람들은 멀리
떨어진 두 지역 간에 전갈을 보내기 위해
비둘기를 훈련시켜 왔답니다.

제2차 세계대전 중에는 3,150명의 군인과 5만 4,000마리의 전시 비둘기로
구성된 '연합군 비둘기 서비스'라는 부대가 운용되기도 했대요. 이 부대에 속한 비둘기들이
운반한 서신은 90% 이상의 성공률을 자랑하며 배달되었다고 합니다. 1977년에는
영국에 있는 두 병원에서 연구용 시료를 운반하는 일에 전서구(homing pigeon)를 이용한
사례도 있고요. 심지어 비둘기를 이용해 이 도시에서 저 도시로 마리화나를 몰래
옮기거나 감옥에 코카인을 반입한 사례도 있습니다.

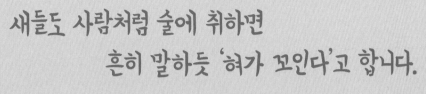

새들도 사람처럼 술에 취하면 흔히 말하듯 '혀가 꼬인다'고 합니다.

한 연구 결과에 따르면, 술 취한 금화조(zebra finches)는 늘 부르던 노래 가락에서 벗어나 제멋대로 노래한다고 합니다. 그런데 신기한 점은, 사람과는 달리 알코올 때문에 전체적인 조화가 깨지는 법은 없다고 하네요.

딸꾹!

인간은 사냥과 관련해서도 새들과 협력 관계를
맺어 왔답니다. 사람들은 기원전 1000년경에 매를
이용한 사냥 기술을 습득했다고 알려져 있어요.
훈련된 새가 다른 새나 작은 동물 같은 먹잇감을
사냥한 후 다시 주인에게 돌아오도록 말이에요.

매사냥
기술

인간과 동물의 차이는 존재하고,
우린 상당히 많은 부분을 이미 알고 있어요.
하지만 훨씬 **더 많은 부분**에서
유사성을 발견할 수 있을 겁니다.

- 에드워드 와서먼

사람과 **개**의
유전자는 84%의
유사성을 나타냅니다.

이 세상의 모든 동물 가운데
인간과 유전적 유사성이 가장 높은 동물은

보노보와 침팬지로,

대략 99%의 DNA가 사람과 똑같습니다.

모든 척추동물은
자는 동안 똑같은
필수 수면 주기를 거치며
눈동자가 빠르게 움직이고
씰룩거리기도 하며,
생생한 꿈을 꾸는
렘수면에 빠져듭니다.

하지만 과연 동물들도
우리처럼 꿈을 꿀까요?

사람들처럼
많은 동물들도 **도구**를 사용합니다.

몇 가지 예를 들어 볼까요?

문어

코코넛 껍질로
보금자리를 만들어요.

코끼리

나뭇가지로 파리를 쫓아요.

까마귀

돌멩이와 막대기를 장난감처럼 갖고 놀죠.

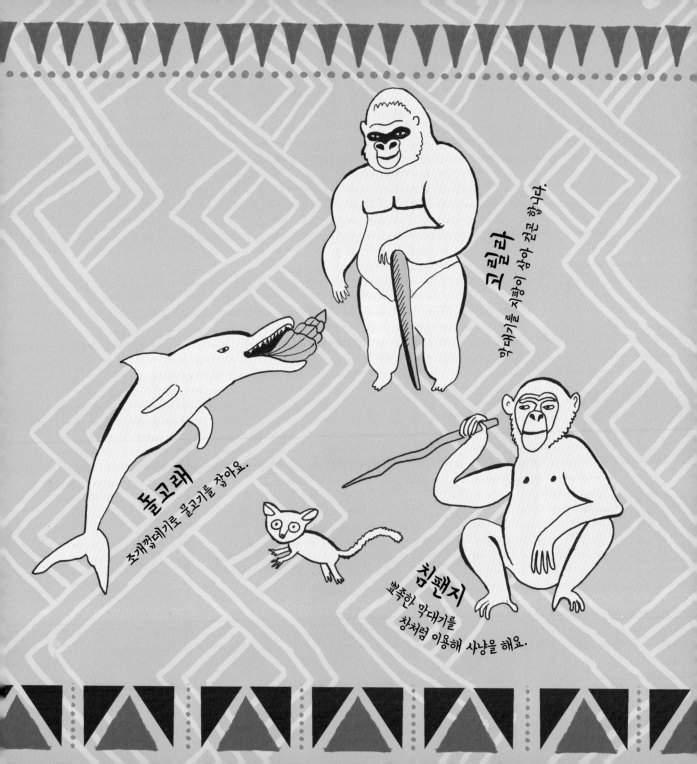

고릴라
막대기를 지팡이 삼아 걷곤 합니다.

돌고래
조개껍데기로 물고기를 잡아요.

침팬지
뾰족한 막대기를
창처럼 이용해 사냥을 해요.

인류는 오랜 세월 동안 동물과 협력하면서 문명을 발전시켜 왔습니다.

동물을 사유화하고 식물을 키우게 된 것은 인류 역사상 가장 중요한 문명적 발전의 출발점이었습니다.
왜냐하면, 안정적인 식량의 공급원을 확보함으로써 현대 문명의 싹을 틔울 토양을 마련한 셈이니까요.

사람들이 키우는 몇 가지 동물에 대한
이야기를 좀 더 자세히 살펴볼까요?

개

적어도 1만 2,000년 전부터 가축으로 키우기 시작했대요.
쓰임새 : 식용, 목축, 인간 보호 및 사냥의 동반자 등

가축용 칠면조

최소한 1,500년 전에 멕시코의 토착민들이 키우기 시작했대요.
쓰임새 : 고기, 깃털, 알의 공급원 및 애완용

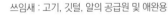

금붕어

중국에서 1,000년 전
즈음에 키우기 시작했대요.
쓰임새 : 관상용, 장식품의 원료
경주용 동물

누에

중국에서 5,000년 전 즈음에 키우기 시작했대요.

쓰임새 : 비단의 원료

족제비

기원전 1500년 전쯤 유럽에서 긴털족제비를 키우기 시작했대요.

쓰임새 : 애완동물, 사냥, 경주, 연구 재료용

샴 투어(싸움 물고기)

19세기 무렵, 태국에서 처음 키우기 시작했대요.

쓰임새 : 싸움경기 및 관상용

말

유럽과 아시아 지역에서 1만 년쯤 전부터 키웠대요.

쓰임새 : 이동수단, 고기

양

(나일강과 티그리스강, 페르시아만을 연결하며 고대에 농업이 발달했던) 서부 이란과 터키, 시리아, 이라크 주변의 '비옥한 초승달 지대'에서 1만 년쯤 전부터 키우기 시작했대요.

쓰임새 : 고기, 양젖과 유제품, 가죽, 양모

복어

박테리아

아메바

인간이 과학적으로 발견하고
분류한 지구상의 생물 종은
거의 **200만 종**에 이릅니다.
하지만 과학자들은 아직도 우리가 알지 못하는
100만 종의 생명체가 더 존재할 것으로
예상하며,

산호초

선인장

게

로드 런너

달팽이

상어

이 모든 생명체는
우리와 **어떤 방법으로든**
연결된 존재랍니다.

긴코너구리

인간

우리는 우리와 가장 밀접한 연관성을 가진 생명의
형태를 찾으려고 너무 멀리 내다볼 필요가 없답니다.
제아무리 문화와 인종, 신체적 특성의 큰 차이가 있더라도,

사실상 우리 인간들은 유전학적인
측면에서 볼 때 **99%**가 닮은 존재이니까요.

지금 이 시대를 살아가는 모든 인류의 모계 혈통을 따라
아득히 먼 옛날로 올라가다 보면, 지금의 아프리카 대륙의
앙골라 지역에서 20만 년 전에 살았을 것으로 추정되는

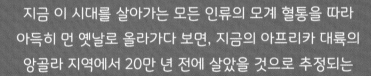

'미토콘드리아 이브'

라는 한 여성을 공통 조상으로 공유하게 됩니다.

해부학적인
관점에서 볼 때,

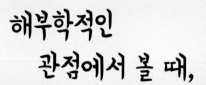

인류는 5만 년 전 즈음에
아프리카에서
처음 시작되어 2,000여 세대가
이어져 내려오는 동안 지구
곳곳으로 흩어졌다는
유전학적 근거를
제시하는
학자들도
있습니다.

지금 이 순간 지구 위에
살아가는 모든 사람들은 서로 **연결된**
먼 친척뻘인 셈이지요.

지구상에 사는 모든 사람들의 가장 가까운 공통 조상은
대략 3,000년 전쯤 살았을 것으로 추정됩니다.

비슷한 지역 출신의 사람들끼리는 좀 더
가까운 공통 조상을 공유하겠죠.
최근에 이주한 이민자들을 제외한 유럽인들의
공통 조상은 고작 600여 년 전에 살던
1400년대의 사람으로 추정됩니다.

유럽인들은 보통
14촌 이내의 혈족과 혼인하곤
하는데, 14촌은 고조할아버지의
증조할아버지와 같은
먼 친척 관계랍니다.

오늘날 살아 있는 남성 200명 중 한 명(약 1,600만 명 정도)은 약 800여 년 전, 역사상 가장 거대한 몽골제국을 이끌던 칭기즈칸의 직계 자손이라고 볼 수 있어요.

칭기즈칸

또한, 1,500만 명 정도의 중국 남성은 500여 년 전에 살았던 청나라 시조의 할아버지 기오창가 (익제: 1582년에 사망-역주)의 직계 자손으로 추정됩니다.

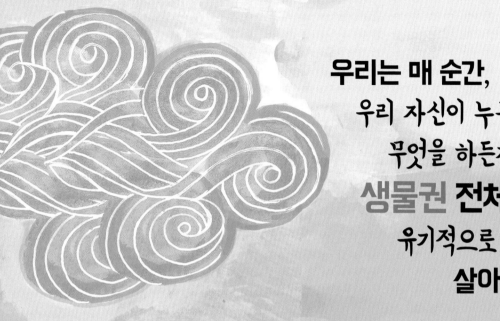

우리는 매 순간,
우리 자신이 누구이며
무엇을 하든지,
생물권 **전체와**
유기적으로 연결된 채
살아갑니다.

창문 하나 없는 사무실에 아무리 문을 꼭 닫고 있어도,
우리는 이 세상을 순환하는 셀 수 없이 많은 분자로 이뤄진 공기를
호흡하며 지구상의 모든 생명체와 연결된 삶을 살고 있어요.

사람의 몸은 매 순간, 세포의 생명과 죽음이라는
영원한 순환을 기반으로 하여 역동적인
'재생(regeneration)**'**
작업을 진행하고 있어요.

우리는 살면서 매 시간 3만 개의
세포를 잃고, 사람 피부의 가장
바깥층은 대략 1년을 주기로 완전히
새롭게 재생됩니다. 우리 몸의 어떤
세포는 재생되려면 몇 주가 걸리는
반면, 다른 세포는 몇 년 또는
몇십 년이 걸리는 경우도
있답니다.

지금의 '**당신**'을
10년 전의 '**당신**'과
비교한다면, 거의 모든
세포가 새것으로
바뀐 상태라고
볼 수 있지요.

치아는 살아 있지 않으므로 인체의
모든 부위 가운데 유일하게 재생
되지 않습니다.

우리 몸속의 모든 원자와 분자는 끊임없이 움직이다가 마침내 배설되거나
날숨으로 배출되거나 떨어져 나가게 됩니다. 이렇게 잃어버린 원자들은

음식을 먹고, 물을 마시며, **공기**로 **호흡**을
함으로써 곧바로 생물권의 요소들로
대체되곤 합니다.

매년, 4만t가량의 '우주 먼지'가 지구 위로 떨어지고 있어요.

그 모든 '먼지'에 포함된 산소, 탄소, 철, 니켈, 그리고 그 밖의
다른 요소들은 또다시 토양이나 식물, 동물 및 우리 몸속으로 들어와
자기의 길을 찾아 떠납니다. 그 결과, 우리는 저 위쪽의 우주
세계와도 역동적인 관계를 맺고 사는 것이지요.

우리는 우주 속에
존재할 뿐만 아니라

사실상 우리
자신이 하나의
우주인 셈입니다.

이것이 바로···

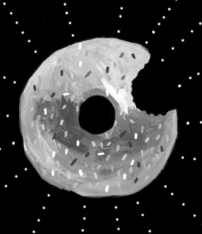

경이로운 생명의
흐름이지요.

언제나
변함없고 무한한
힘을 보여 주는
사랑은
이 우주에
가득한
신비

- 바하이교의 가르침 중에서

감사의 글

나의 첫 에이전트로 일해 준 엘리자베스 에번스에게 먼저 고마움을 전하고 싶습니다. 엘리자베스가 얼마나 칭찬과 격려를 아끼지 않았는지, 그녀가 그렇게 하는 대가로 누군가에게 돈을 받을지도 모른다는 생각이 들 정도였으니까요. 이 프로젝트가 중단되지 않도록 애써 준 엘리자베스 덕분에 멋진 작품이 탄생할 수 있었음을 진심으로 감사하게 생각해요! 또한 지금 나의 에이전트로 일하며 작업의 모든 세부 과정을 세심하게 챙겨 준 로라 비아지에게도 깊은 감사를 전합니다. 아울러 자유로운 작업을 보장하고 든든히 지원해 줌으로써 이토록 창의적이며 평범하지 않은 프로젝트가 열매 맺도록 수고해 준 편집자 홀리 루비노에게도 감사의 인사를 드립니다.

특별히 이 작업이 진행되는 내내 분석하며 편집하는 작업을 돕고 내게 끊임없이 용기를 북돋워 준 펠리스와 벨라, 레일라, 파자드, 그리고 내 여동생 모니카에게도 특별한 감사를 전합니다. 또한, 전체 원고를 꼼꼼히 읽고 애정으로 검토해 주신 사랑하는 어머니와 사촌 캐런의 노력에 깊이 감동했음을 전하고 싶어요. 마지막으로, 아티스트로 살아가는 나를 변함없이 든든히 지지해 주는 멋진 남편 니콜라스에게 한없는 사랑을 전합니다. 글을 쓰고 그림을 그리는 창조적인 작업을 진행할 때마다, 당신은 늘 곁에서 힘이 되어 주었고, 중요한 순간마다 아이들을 돌봐 주며 내가 일을 마칠 수 있게 해 주었지요. 시간이 많이 지체되더라도 절대로 미안해하지 말라고 얘기하곤 했어요. 사랑해요, 고마운 여보.

이 책에 담긴
정보의 출처에 관하여

이 책에 담긴 모든 정보는 엄청난 분량의 자료를 정리하고 종합하여 마련한 것들로, 자료 대부분은 온라인에서 구했음을 밝혀둡니다. 상호 심사를 거친 논문을 통해 발표된 믿을 만한 연구 결과를 선택하려고 조심스럽게 검토했는데, 주로 각 분야의 온라인 출판 본이나 오프라인 잡지에서 발췌한 것들입니다.

이 책의 자료를 확보하는 데에 큰 도움이 된 웹사이트로는
내셔널지오그래픽(National Geographic, http://www.nationalgeographic.com/), 사이언티픽 아메리칸(Scientific American, https://www.scientificamerican.com/), 스미스소니언 매거진(Smithsonian, http://www.smithsonianmag.com/), 디스커버 매거진(Discover Magazine, https://www.sciencedaily.com/), 사이언스데일리(Science Daily, https://www.sciencedaily.com/), 라이브 사이언스(Live Science, https://www.livescience.com/), 미국 공영방송 PBS 홈페이지(https://www.pbs.org), 브리태니커 백과사전(Britannica, https://www.britannica.com/) 등이 있습니다. 또한 미국지질조사국(United States Geological Survey)과 미국 국립생물공학정보센터(National Center for Biotechnology Information) 등의 정부기관 홈페이지에서도 상당히 유용한 정보를 얻을 수 있었습니다.

작업을 진행하는 동안 내 영감이 나아갈 방향의 길잡이가 되어 주었을 뿐 아니라, 내가 고민하던 모든 주제의 기초를 이루며 관련된 중요한 정보를 제공해 준 책을 몇 권 소개하겠습니다. 폴 스테이메츠 作 『버섯이 지구를 구할 수 있다(가제) Mycelium Running : How Mushrooms Can Help Save the World (2005)』, 다니엘 샤모비츠 作 『식물은 알고 있다 What a Plant Knows : A Field Guide to the Senses (2012)』, 사이 몽고메리 作 『문어의 영혼 The Soul of an Octopus : A Surprising Exploration Into the Wonder of Consciousness (2015)』, 롭 R. 던 作 『우리와 공생하는 생명체 이야기(가제) The Wild Life of Our Bodies : Predators, Parasites, and Partners That Shape Who We Are Today (2011)』. 롭이 운영하는 홈페이지 http://robdunnlab.com에는 이 지구상에 존재하는 미생물의 생물 다양성에 관한 온라인 기사와 연구 프로젝트가 무수히 많이 실려 있어요. 우리가 살아가는 집과 우리 몸의 미생물 생태학에 관한 그의 연구를 둘러보다 보면, 어서 화장실로 달려가 샤워를 하고 싶다는 충동에 사로잡힐 수밖에 없답니다.

미샤 메이너릭 블레즈는 캐나다계 미국인으로 콜로라도주 로키산맥 근처에서 자랐으며, 지금은 텍사스주 오스틴에 살고 있습니다. 미샤는 남편과 함께 녹색 건축회사(Equitable Green Group)를 운영하고 두 아들을 양육하며 일하고 있죠. 여유로울 때는 침대에 누워 책을 읽거나 밤에 수영하는 것을 즐기며, 남편이 정원 가꾸는 모습을 지켜보길 좋아합니다. 또한, 진한 페르시아 전통 차 한 잔을 앞에 두고 주고받는 뜨거운 토론을 즐기기도 해요. 미샤에 대해 궁금한 것들은 http://www.mishablaise.com에서 확인할 수 있답니다.